María de la Luz Bravo-Ferrer Moreno
Cristina Bravo-Ferrer Moreno

Impacto del COVID-19 en el diagnóstico de Helicobacter pylori

María de la Luz Bravo-Ferrer Moreno
Cristina Bravo-Ferrer Moreno

Impacto del COVID-19 en el diagnóstico de Helicobacter pylori

Planteamiento del estudio sobre el impacto del COVID-19 en el diagnóstico de pacientes con Helicobacter pylori

PUBLICIA

Imprint
Any brand names and product names mentioned in this book are subject to trademark, brand or patent protection and are trademarks or registered trademarks of their respective holders. The use of brand names, product names, common names, trade names, product descriptions etc. even without a particular marking in this work is in no way to be construed to mean that such names may be regarded as unrestricted in respect of trademark and brand protection legislation and could thus be used by anyone.

Cover image: www.ingimage.com

Publisher:
PUBLICIA
is a trademark of
Dodo Books Indian Ocean Ltd. and OmniScriptum S.R.L publishing group

120 High Road, East Finchley, London, N2 9ED, United Kingdom
Str. Armeneasca 28/1, office 1, Chisinau MD-2012, Republic of Moldova, Europe
Managing Directors: Ieva Konstantinova, Victoria Ursu
info@omniscriptum.com

Printed at: see last page
ISBN: 978-620-8-47507-9

Planteamiento del estudio sobre el impacto del COVID-19 en el diagnóstico de pacientes con *Helicobacter pylori*

Planteamiento de un estudio estadístico basado en datos de pacientes de un hospital tras la pandemia de COVID-19

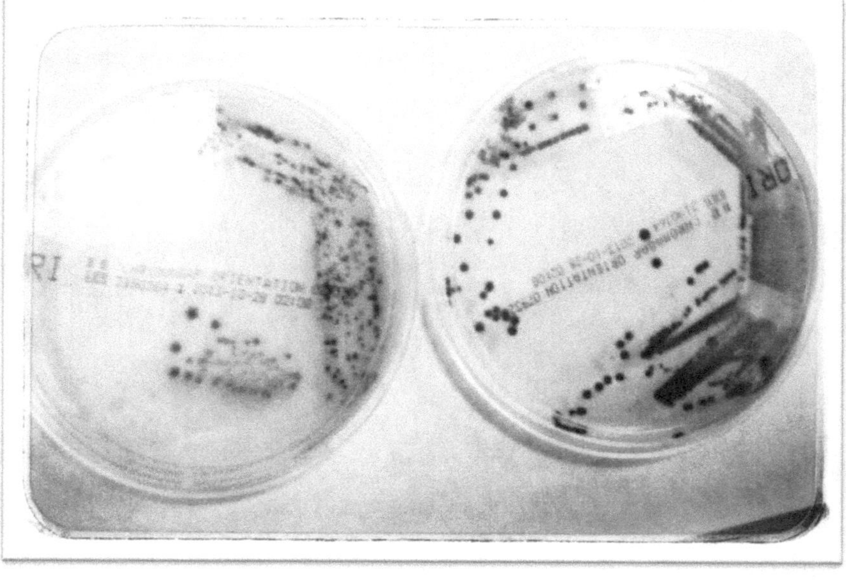

María de la Luz Bravo-Ferrer Moreno

Una versión de este trabajo de fin de grado fue previamente depositada en Universidad Miguel Hernández bajo la tutela de Eduardo Climent Grana.

Índice

Contenido

- **Resumen**

En el año 2020 a causa del estado de alarma producido por la pandemia por COVID-19, se redujo considerablemente la detección de la infección por *Helicobacter pylori* mediante el test del aliento, por razones de seguridad biológica frente al coronavirus. Es por ello que aumentó la prescripción del test de antígenos en heces, tanto para la detección inicial de la infección por *Helicobacter pylori,* como para el control tras realizar el tratamiento erradicador de la misma.

La herramienta considerada Gold Standard para la detección del *Helicobacter pylori* tanto al inicio como tras el tratamiento para comprobar su erradicación, es el test del aliento. Éste se basa en la detección de la bacteria a través de su capacidad de degradar la urea gracias a su enzima ureasa. Consiste en una toma inicial basal del aliento del paciente antes de la administración de un comprimido de urea marcada con ^{13}C y otra a los 20 minutos para detectar $^{13}CO_2$ producido por la ureasa de la bacteria.

- **Palabras clave**

Helicobacter pylori, test del aliento, test de antígenos en heces, tratamiento erradicador.

- **Abstract**

In 2020, due to the state of alarm produced by the COVID-19 pandemic, the detection of *Helicobacter pylori* infection through the breath test, was considerably reduced for reasons of biological safety against the coronavirus. That is why the prescription of the stool antigen test increased, both for the initial detection of *Helicobacter pylori* infection, and for control after carrying out its eradication treatment.

The tool considered Gold Standard for the detection of *Helicobacter pylori,* both at the beginning and after treatment to verify its eradication, is the breath test. This is based on the detection of the bacteria through its ability to degrade urea thanks to its urease enzyme. It consists of an initial baseline sample of the patient's breath before administration of a ^{13}C labeled urea tablet and another 20 minutes later to detect $^{13}CO_2$ produced by the urease of the bacteria.

- **Keywords**

Helicobacter pylori, breath test, stool antigen test, eradication treatment

1. Introducción: estado actual de la cuestión

1.1 Helicobacter pylori

Helicobacter pylori es una bacteria Gram negativa con una morfología bacilar helicoidal que le confiere una capacidad distintiva para adaptarse al ambiente ácido del estómago. Se cree que esta bacteria comenzó a colonizar el epitelio gástrico humano hace aproximadamente 100.000 años (1), estableciendo una relación estrecha y prolongada con nuestra especie, lo que sugiere una evolución conjunta entre huésped y patógeno. Esta bacteria posee de 4 a 6 flagelos localizados en un extremo, los cuales le otorgan una notable motilidad que facilita su movimiento a través del moco gástrico para alcanzar el epitelio, donde las condiciones son más favorables para su supervivencia.

En términos metabólicos, *Helicobacter pylori* es microaerófila, lo que significa que requiere bajas concentraciones de oxígeno para vivir, una característica que le permite adaptarse perfectamente a las condiciones del estómago humano. Además, es catalasa y oxidasa positiva (2), lo que indica que posee enzimas capaces de descomponer el peróxido de hidrógeno y de transferir electrones a través de la cadena de transporte de electrones, respectivamente. Estas propiedades metabólicas contribuyen a su capacidad para resistir el estrés oxidativo generado por el sistema inmune del huésped y para sobrevivir en un ambiente hostil.

Otro aspecto importante es su producción de ureasa, una enzima clave que descompone la urea en amoníaco y dióxido de carbono, creando una microzona alcalina alrededor de la bacteria. Esto le permite neutralizar el ácido gástrico y colonizar con éxito el epitelio gástrico, lo que la convierte en un agente etiológico fundamental de enfermedades gástricas como gastritis crónica, úlceras pépticas y, en algunos casos, adenocarcinoma gástrico y linfoma de tejido linfoide asociado a mucosas (MALT). (3)

1.2 Genoma de Helicobacter pylori

El genoma de *Helicobacter pylori* es relativamente pequeño, con aproximadamente 1.6 millones de pares de bases (4). Este genoma presenta una alta variabilidad genética, lo que contribuye a su capacidad para adaptarse a diferentes condiciones y evadir las respuestas inmunes del huésped. (5). A diferencia de otras bacterias, *Helicobacter pylori* muestra una alta tasa de recombinación genética y una notable plasticidad genómica, facilitada por su capacidad para adquirir material genético del entorno (6.). Estas características genéticas no solo favorecen su persistencia en el huésped, sino que también le otorgan una ventaja evolutiva frente a la presión inmunitaria y los tratamientos antibióticos (7).

Entre los genes más importantes destacan los relacionados con sus factores de virulencia, como **cagA** y **vacA**, que están implicados en los procesos de inflamación y daño tisular. El gen **cagA** (cytotoxin-associated gene A) se encuentra en una isla de patogenicidad denominada **cagPAI** (cag pathogenicity island), la cual codifica una estructura de secreción tipo IV que permite la inyección de proteínas bacterianas directamente en las células del huésped. (8-9)

1.3 Infección por Helicobacter pylori

Helicobacter pylori es la principal especie del género *Helicobacter* y uno de los patógenos humanos más estudiados debido a su fuerte asociación con diversas patologías gastroduodenales. (10)

Esta bacteria se ha establecido como el agente etiológico responsable de enfermedades como la gastritis aguda y crónica tipo B, úlceras gástricas y duodenales, y, en algunos casos, complicaciones más graves como el cáncer gástrico y los linfomas de tejido linfoide asociado a mucosa (MALT). (11)

Su relación con el cáncer gástrico, una de las principales causas de muerte por cáncer a nivel mundial, ha sido ampliamente documentada en investigaciones epidemiológicas y moleculares. Debido a esta asociación, en 1994, la Agencia Internacional para la Investigación del Cáncer (IARC), una división de la Organización Mundial de la Salud (OMS), clasificó a *H. pylori* como un carcinógeno tipo I, lo que significa que existen pruebas suficientes de su capacidad de causar cáncer en humanos (12). Este reconocimiento subraya la relevancia de identificar y tratar la infección por *H. pylori* en etapas tempranas, especialmente en poblaciones de alto riesgo, como las de regiones con alta incidencia de cáncer gástrico (13). Además, los mecanismos patogénicos de *H. pylori* incluyen la producción de toxinas como CagA y VacA, que generan daño en el epitelio gástrico, favoreciendo procesos inflamatorios crónicos y cambios precancerosos. (14-15)

1.4 Epidemiología

Helicobacter pylori se adquiere principalmente durante la infancia, generalmente a través de las rutas oral-oral o fecal-oral, asociadas a condiciones de higiene deficientes y factores socioeconómicos. En este contexto, el contacto cercano entre miembros de la familia y la exposición a agua o alimentos contaminados son factores clave para su transmisión. Una vez que la bacteria se establece en la mucosa gástrica, es capaz de evadir el sistema inmunológico del huésped, permitiendo que la infección persista durante décadas, e incluso toda la vida, si no se erradica mediante un tratamiento adecuado con antibióticos y terapia combinada con inhibidores de la bomba de protones (16).

Se estima que aproximadamente la mitad de la población mundial está infectada por *H. pylori*, con prevalencias que varían considerablemente según la región geográfica y el nivel socioeconómico. En los países en vías de desarrollo, la prevalencia es notablemente alta, superando el 70% de la población, mientras que en los países desarrollados oscila entre el 20% y el 50%. Estas diferencias reflejan disparidades en las condiciones de vida, acceso a sistemas de salud y medidas de saneamiento. En los países subdesarrollados, estudios muestran que entre el 60% y el 70% de los niños tienen seropositividad para *H. pylori* antes de cumplir los 10 años, lo que indica una exposición temprana y extendida. En contraste, en los países desarrollados, la seropositividad suele estar presente en el 20% al 40% de los adultos, siendo menos común en niños debido a mejoras en la higiene y acceso a servicios básicos. (10,13 y 17)

Aunque la mayoría de los individuos infectados por *H. pylori* permanecen asintomáticos, alrededor del 20% desarrollará alguna complicación relacionada con la infección. Estas incluyen gastritis crónica, úlceras gástricas o duodenales, y, en casos más graves, patologías como adenocarcinoma gástrico y linfoma de tejido linfoide asociado a mucosas (MALT). La probabilidad de desarrollar complicaciones está influida por factores como la virulencia de la cepa bacteriana, la respuesta inmune del huésped y otros factores ambientales y genéticos. (18-19)

1.5 Prevalencia

La prevalencia de *Helicobacter pylori* está estrechamente asociada con factores socioeconómicos y demográficos, entre los que se incluyen el nivel educacional, el número de hermanos, las condiciones de hacinamiento y las prácticas de higiene. En áreas con bajo nivel educativo y socioeconómico, la transmisión de la bacteria se ve favorecida debido a una mayor probabilidad de contacto cercano entre individuos, condiciones sanitarias deficientes y falta de acceso a agua potable. El número de hermanos en el núcleo familiar también es un factor importante, ya que en familias numerosas es más común el contacto estrecho entre los miembros, lo que facilita la transmisión oral-oral o fecal-oral, particularmente durante la infancia (20).

El hacinamiento, que suele estar vinculado a situaciones de pobreza, contribuye de manera significativa a la transmisión de *H. pylori*. Viviendas con muchas personas compartiendo espacios reducidos aumentan la exposición a superficies y utensilios contaminados, así como el contacto interpersonal directo. Las condiciones de higiene también desempeñan un papel crucial; en comunidades donde la disponibilidad de sistemas de saneamiento y prácticas básicas de higiene personal son limitadas, la prevalencia de *H. pylori* es notablemente mayor (21).

Además, se han identificado diferencias en la prevalencia de la infección dentro de un mismo país, lo que refleja las disparidades regionales en el acceso a servicios básicos y la educación sanitaria. Por ejemplo, en áreas rurales, donde las condiciones de vida suelen ser más precarias que en las zonas urbanas, la prevalencia tiende a ser más elevada. Esta variación dentro de un mismo territorio destaca la influencia de factores locales y socioeconómicos en la epidemiología de la infección (22).

1.6 Diagnóstico

Existen diversos métodos para el diagnóstico, que se dividen en técnicas invasivas y no invasivas, adaptadas a las necesidades del paciente (23).

1.6.1 Métodos invasivos

Los métodos invasivos para el diagnóstico de *Helicobacter pylori* requieren la realización de procedimientos como la endoscopia digestiva alta, en la cual se obtiene una visualización directa de la mucosa gástrica y duodenal. Durante este procedimiento, se puede realizar la toma de biopsias de las zonas sospechosas para su posterior análisis. Las biopsias se utilizan para realizar diferentes pruebas, entre las cuales se encuentran el estudio histopatológico, donde se busca la presencia de lesiones características inducidas por la bacteria, y el cultivo, que permite aislar y caracterizar la cepa de *H. pylori*, ayudando en la identificación de resistencias antimicrobianas.

Un método comúnmente utilizado es el test de ureasa rápida, que detecta la presencia de la enzima ureasa producida por *H. pylori* en la biopsia obtenida. Este test es altamente sensible y específico para la infección, pero su eficacia puede verse afectada en casos de gastritis atrófica o de infecciones de baja carga bacteriana.

Además, las pruebas moleculares, como la reacción en cadena de la polimerasa (PCR), se utilizan para detectar el material genético de *H. pylori* en las biopsias o en muestras de biopsias gástricas. La PCR tiene la ventaja de ser extremadamente sensible y precisa, permitiendo la identificación de la bacteria incluso en situaciones donde la carga bacteriana es baja. Además, la PCR puede ser útil para detectar mutaciones específicas en los genes de resistencia a antibióticos, lo que permite adaptar el tratamiento.

No obstante, la elección de la prueba a realizar dependerá de diversos factores, como las características clínicas del paciente, la gravedad de la enfermedad y la finalidad del diagnóstico. Por ejemplo, en pacientes con úlceras gástricas o duodenales, se suele recomendar la endoscopia con toma de biopsia debido a la necesidad de descartar malignidad. En otros casos, como pacientes con síntomas menos graves o con contraindicaciones para procedimientos invasivos, se pueden utilizar métodos no invasivos como el test de aliento con ureasa o las pruebas serológicas. La decisión de qué prueba emplear, debe ser individualizada y tener en cuenta tanto la situación clínica del paciente como los recursos disponibles (24-25).

1.6.2 Métodos no invasivos

Los métodos no invasivos para el diagnóstico de *Helicobacter pylori* ofrecen alternativas menos molestas y más accesibles que los procedimientos invasivos. Estos se basan en la detección de la respuesta inmunológica del huésped frente a la infección, o en la identificación directa de componentes bacterianos. Entre las pruebas inmunológicas, destaca la detección de anticuerpos específicos contra *H. pylori* en suero, principalmente inmunoglobulinas IgG e IgA, que indican una exposición previa o actual a la bacteria. Estos anticuerpos también pueden detectarse en saliva o jugo gástrico, lo que amplía las opciones para el análisis en diferentes contextos clínicos. Sin embargo, una limitación de estas pruebas es que no permiten diferenciar entre una infección activa y una pasada, lo que reduce su utilidad en el seguimiento post-tratamiento. (26)

Otro método ampliamente utilizado es la detección de antígenos bacterianos en heces. Esta prueba es no invasiva, rápida y útil tanto para el diagnóstico inicial como para confirmar la erradicación tras el tratamiento, ya que identifica componentes específicos de la bacteria presentes en las heces del paciente.

La prueba del aliento con urea (PAU) es uno de los métodos no invasivos más precisos y comúnmente empleados. Se basa en la capacidad de *H. pylori* para producir ureasa, una enzima que metaboliza la urea administrada al paciente en dióxido de carbono y amoníaco. En el caso del "Urea Breath Test" (UBT), se utiliza urea marcada con isótopos estables como carbono 13 (PAU-13C) o radioactivos como carbono 14 (PAU-14C). Tras la administración oral de urea marcada, se mide el dióxido de carbono isotópico exhalado, lo que confirma la presencia activa de *H. pylori* en el estómago. Este método destaca por su alta sensibilidad y especificidad, además de ser ideal para el seguimiento de la erradicación de la infección tras el tratamiento. (27)

Los métodos no invasivos presentan ventajas significativas, como la eliminación de la necesidad de una endoscopia, lo que reduce tanto las molestias para el paciente como los costes asociados al procedimiento. Además, son más fáciles de realizar, lo que facilita su implementación en entornos de atención primaria o en poblaciones de difícil acceso. (13,23, 28 y 29)

1.6.2.1 Prueba del aliento con urea

La prueba del aliento con urea marcada con carbono 13 (PAU-13C), introducida en 1987, es uno de los métodos no invasivos más precisos y ampliamente utilizados para el diagnóstico de la infección por *Helicobacter pylori*. Este método se basa en la actividad de la ureasa, una enzima producida exclusivamente por *H. pylori* en el estómago. La ureasa descompone la urea marcada con carbono 13 (^{13}C) en amonio y dióxido de carbono marcado ($^{13}CO_2$), que posteriormente se absorbe en el torrente sanguíneo y se elimina a través de la respiración.

El procedimiento de la PAU-13C incluye una toma inicial basal del aliento del paciente para establecer los niveles normales de $^{13}CO_2$ antes de la administración de un comprimido de urea marcada con ^{13}C. Aproximadamente 20 minutos después de la ingestión, se realiza una segunda medición del aliento exhalado para determinar si hay un incremento en la concentración de $^{13}CO_2$. Un aumento significativo indica la presencia de *H. pylori* en el estómago, ya que la bacteria es la responsable de metabolizar la urea marcada.

Actualmente, la PAU-13C es considerada un método altamente confiable debido a su elevada sensibilidad y especificidad, lo que la convierte en una herramienta diagnóstica de elección en múltiples escenarios clínicos. Es particularmente útil en pacientes que no necesitan una endoscopia, ya sea porque presentan síntomas leves o porque no tienen factores de riesgo que justifiquen un estudio invasivo. También es ideal para el seguimiento de pacientes que han recibido tratamiento de erradicación, ya que permite confirmar la eliminación de la infección de manera segura y efectiva.

Una ventaja significativa de la PAU-13C es su facilidad de realización y su perfil de seguridad. A diferencia de su contraparte con carbono 14 (^{14}C), la PAU-13C no expone al paciente a radiactividad, lo que la hace especialmente adecuada para su uso en poblaciones sensibles, como niños, mujeres embarazadas y pacientes con condiciones de salud que contraindiquen la exposición a radiación, garantizando su seguridad a largo plazo. Aunque la PAU-14C sigue siendo una alternativa efectiva y de bajo coste, su uso está limitado por su naturaleza radiactiva y las restricciones en poblaciones vulnerables. Además, al tratarse de una prueba no invasiva, es bien tolerada por los pacientes, y puede realizarse en entornos ambulatorios, facilitando su implementación en diferentes contextos clínicos como es su uso en las poblaciones sensibles mencionadas anteriormente. (13,23, 30-35)

1.6.2.2 Test de antígenos en heces

El test de antígenos en heces es un método diagnóstico no invasivo y ampliamente utilizado para detectar la infección activa por *Helicobacter pylori*. Este procedimiento se basa en la identificación directa de antígenos específicos de la bacteria presentes en las heces, utilizando un enzimoinmunoanálisis (ELISA). Se trata de una técnica de gran utilidad tanto para el diagnóstico inicial como para el seguimiento post-tratamiento, ya que permite confirmar la erradicación de la infección.

El procedimiento implica la detección cualitativa de antígenos fecales mediante un inmunoensayo enzimático en microplaca, el cual utiliza anticuerpos monoclonales que reconocen de manera específica un antígeno presente en *H. pylori*. Estos anticuerpos están diseñados para unirse exclusivamente al antígeno objetivo, garantizando la especificidad del ensayo. Una vez completado el proceso de reacción enzimática, la lectura se realiza mediante un lector de ELISA a una longitud de onda de 450/620 nm. Los resultados se interpretan en función de un valor límite preestablecido: si la absorbancia supera este valor, el resultado se considera positivo, indicando la presencia de *H. pylori*; de lo contrario, se clasifica como negativo.

Este método tiene varias ventajas importantes. Es fácil de realizar, no requiere procedimientos invasivos como la endoscopia, y ofrece una alta sensibilidad y especificidad, especialmente cuando se utilizan kits de detección basados en anticuerpos monoclonales. Además, el test de antígenos en heces es especialmente útil en poblaciones donde la endoscopia no está indicada o no es accesible, como en niños, pacientes con síntomas leves o en entornos de atención primaria.

Sin embargo, su efectividad puede verse afectada por ciertos factores, como el uso reciente de inhibidores de la bomba de protones (IBP), antibióticos o bismuto, que pueden reducir temporalmente la carga bacteriana y dar lugar a resultados falsos negativos. Por ello, se recomienda suspender el uso de estos medicamentos al menos dos semanas antes de realizar la prueba, para garantizar su precisión.

En general, el test de antígenos en heces representa una herramienta diagnóstica esencial para la detección de *H. pylori*, ofreciendo una alternativa confiable y accesible a los métodos invasivos. (13, 23 ,26 y 36)

2. Hipótesis

2.1 Planteamiento inicial

La infección por *Helicobacter pylori* debe ser diagnosticada únicamente cuando exista una indicación clara para aplicar un tratamiento erradicador. Actualmente, se cuenta con una amplia variedad de métodos diagnósticos que han evolucionado tanto en precisión como en aplicabilidad clínica. Desde la última Conferencia Española de Consenso, la evidencia científica ha crecido significativamente, destacando tanto en la validación de métodos ya conocidos como en la introducción de nuevas herramientas diagnósticas en la práctica clínica.

En términos diagnósticos, los enfoques principales se dividen en:

2.1.1 **Métodos para situaciones clínicas específicas**: Adaptación del diagnóstico según el contexto clínico del paciente.

2.1.2 **Valor individual de cada prueba**: Revisión del papel y las limitaciones actuales de cada método, incluyendo su sensibilidad, especificidad y facilidad de acceso.

De manera específica, el test del aliento con urea marcada con ^{13}C (PAU-13C) se considera la mejor opción para confirmar la erradicación de *H. pylori*, debido a su alta sensibilidad y especificidad, así como su carácter no invasivo y su facilidad de realización. Por su parte, el test de antígenos en heces se presenta como una alternativa viable, aunque con limitaciones, especialmente en su uso para evaluar la eficacia de los tratamientos erradicadores, ya que no se dispone de evidencia suficiente para recomendarlo como estándar en este contexto.

2.2 Hipótesis conceptual

La pandemia por COVID-19, que marcó el año 2020, tuvo un impacto significativo en la práctica clínica debido a las restricciones y la necesidad de medidas estrictas de bioseguridad. En este escenario, se postula que la detección de *Helicobacter pylori* mediante el test del aliento con urea marcada (PAU-13C), herramienta considerada el estándar de oro, se vio considerablemente reducida debido al riesgo asociado a la transmisión del coronavirus, especialmente por la producción de aerosoles durante la prueba.

Como consecuencia, se incrementó el uso del test de antígenos en heces, tanto para el diagnóstico inicial de la infección como para el control de la erradicación tras el tratamiento antibiótico. Este cambio en la práctica podría haber generado un aumento en la incidencia de falsos positivos durante el seguimiento post-tratamiento, lo que, a su vez, pudo derivar en la prescripción innecesaria de tratamientos antibióticos adicionales. Este fenómeno podría tener repercusiones económicas, afectar la salud de los pacientes y contribuir al problema creciente de resistencia antimicrobiana.

2.3 Hipótesis operativa

Se plantea evaluar los efectos específicos de este cambio en la práctica clínica mediante:

2.3.1 Cuantificación del uso del test de antígenos en heces durante el periodo de pandemia como sustituto del PAU-13C.

2.3.2 Análisis de la incidencia de falsos positivos detectados en los controles postratamiento, comparando los resultados obtenidos con los estándares previos a la pandemia.

2.3.3 Estudio del impacto en la prescripción de tratamientos antibióticos innecesarios, evaluando tanto los costos económicos como los riesgos clínicos asociados.

De este análisis se espera demostrar cómo la alteración en las herramientas diagnósticas durante la pandemia afectó la precisión del diagnóstico y el manejo terapéutico de la infección por *Helicobacter pylori*, subrayando la importancia de utilizar métodos confiables y validados, incluso en circunstancias adversas. (13, 23 y 37)

3 Objetivos

3.1 Objetivo principal

El objetivo principal de este trabajo es determinar el impacto que la pandemia por COVID-19, tuvo en el diagnóstico de la infección por *Helicobacter pylori*, con especial énfasis en la disminución de la prescripción del test del aliento (PAU-13C) debido a razones de seguridad biológica frente a la transmisión del SARS-CoV-2.

El PAU-13C, reconocido como el estándar de oro para el diagnóstico inicial y para confirmar la erradicación tras el tratamiento antibiótico, se vio desplazado durante este periodo por métodos alternativos como el test de antígenos en heces, cuya sensibilidad y especificidad son inferiores en el contexto post-tratamiento. Esta situación pudo derivar en un aumento de falsos positivos, lo que, a su vez, habría llevado a la prescripción innecesaria de segundos tratamientos antibióticos y a la realización de pruebas diagnósticas adicionales.

El trabajo busca analizar esta problemática desde múltiples perspectivas:

3.1.1 **Cuantificar la reducción en el uso del PAU-13C durante la pandemia.**

3.1.2 **Evaluar la incidencia de falsos positivos** derivados del uso del test de antígenos en heces en comparación con el estándar del PAU-13C.

3.1.3 **Estimar el impacto económico y clínico** asociado al aumento de pruebas y tratamientos innecesarios, incluyendo el riesgo de desarrollo de resistencias antimicrobianas.

Para ello, se definirán criterios específicos de inclusión de pacientes, seleccionando a aquellos diagnosticados con infección por *H. pylori* y tratados con antibióticos, que posteriormente se sometieron al test de antígenos en heces para evaluar la erradicación de la bacteria.

3.2 Objetivos secundarios

3.2.1 Evaluar la precisión diagnóstica del test de antígenos en heces post-tratamiento

Análisis

Analizar el rendimiento del test de antígenos en heces en el contexto post-tratamiento erradicador de *H. pylori*, comparándolo con los resultados obtenidos mediante el PAU-13C.

Identificación

Identificar la proporción de falsos positivos en los resultados del test de antígenos en heces, especialmente en aquellos pacientes que ya han completado el tratamiento antibiótico.

Realizar un seguimiento clínico de los pacientes diagnosticados con H. pylori

Monitoreo

Monitorear la evolución de los pacientes tratados, diferenciando entre aquellos diagnosticados con métodos no invasivos (test de antígenos en heces) y los evaluados con el PAU-13C.

Identificación

Identificar patrones clínicos asociados a diagnósticos erróneos y su impacto en la prescripción de segundos tratamientos antibióticos.

3.2.2 Desarrollar un plan de mejora para la atención al paciente con infección por H. pylori

Diseño

Diseñar estrategias para optimizar el uso de pruebas diagnósticas en función de la etapa de la infección (diagnóstico inicial, confirmación post-tratamiento).

Propuesta

Proponer pautas que minimicen la prescripción innecesaria de tratamientos antibióticos, fomentando la aplicación de métodos diagnósticos más fiables y coste-efectivos.

Reducción de riesgos

Reducir el riesgo de resistencias antimicrobianas mediante el uso racional de antibióticos, mejorando los protocolos de atención y seguimiento del paciente.

Evaluar el impacto económico de las prácticas diagnósticas durante la pandemia

Comparación

Comparar los costes asociados al uso del test de antígenos en heces frente al PAU-13C, incluyendo el gasto derivado de pruebas y tratamientos innecesarios.

Propuestas

Proponer recomendaciones basadas en un análisis coste-beneficio para la selección de pruebas diagnósticas en futuros escenarios similares.

4 Material y métodos

4.1 Diseño (tipo de estudio)

Se llevará a cabo un estudio observacional transversal retrospectivo con el objetivo principal de evaluar la utilidad del test del aliento en el diagnóstico de confirmación de la erradicación de *Helicobacter pylori*. Este tipo de estudio permite examinar de manera retrospectiva a los pacientes que ya han recibido tratamiento para la infección por *Helicobacter pylori*, siguiendo su evolución a través de la revisión de sus historias clínicas. En particular, se prestará atención a los resultados obtenidos mediante el test del aliento, con el fin de determinar si este método es un indicador fiable de la eliminación de la bacteria después del tratamiento.

Para la revisión bibliográfica sobre los diferentes tipos de pruebas diagnósticas disponibles, se realizó una búsqueda exhaustiva de artículos científicos publicados en los últimos años en diversas bases de datos académicas. Estas bases incluyeron MEDES, IBECS, SCIELO, LILACS, PubMed, UpToDate, Cochrane Library y Web of Science. El objetivo de la búsqueda fue identificar estudios que describieran las características operativas de las pruebas diagnósticas, centrándose especialmente en el test de antígenos fecales utilizando anticuerpos monoclonales y el test del aliento, para evaluar su precisión y utilidad en la detección de *Helicobacter pylori* y en la confirmación de su erradicación.

Cabe destacar que no se establecieron restricciones con respecto a la edad de los pacientes, el país de origen, el estado inicial de los pacientes o la marca comercial de las pruebas utilizadas. De este modo, se buscó obtener una visión amplia y general sobre las pruebas diagnósticas sin limitaciones que pudieran sesgar los resultados. En la búsqueda bibliográfica se utilizaron términos clave como "*Helicobacter pylori*", "breath test", "stool antigen test", "eradication treatment", "diagnosis of *Helicobacter pylori*", "non-invasive method", así como "evaluation and Sensibility and comparative study-trial".

Finalmente, se realizó una búsqueda adicional en la base de datos Scielo sin limitación temporal, utilizando los términos específicos "*Helicobacter pylori*", "antígenos fecales", "test de aliento de la urea", "test de antígenos en heces" y "métodos diagnósticos para *Helicobacter pylori*". Esta revisión bibliográfica tiene como objetivo consolidar la evidencia disponible sobre la efectividad y fiabilidad de las pruebas no invasivas en el diagnóstico y seguimiento de la erradicación de esta infección bacteriana.

4.2 Lugar (contexto)

El estudio se llevará a cabo utilizando los datos clínicos y de diagnóstico recogidos de aquellos pacientes a quienes se les ha realizado un test del aliento en el Servicio de Radiofarmacia del Hospital Regional. Este hospital, reconocido por su trayectoria en la atención médica especializada, cuenta con un equipo multidisciplinario que realiza estudios avanzados de diagnóstico y tratamiento para diversas patologías, incluida la infección por *Helicobacter pylori*. El test del aliento utilizado en este servicio permite evaluar la presencia de la bacteria y, en particular, su erradicación después de un tratamiento, siendo una prueba no invasiva que ofrece resultados rápidos y precisos.

El proceso de recolección de los datos incluirá tanto los resultados de los test de aliento realizados como la información clínica complementaria de los pacientes, sus antecedentes médicos, el tipo de tratamiento recibido, la evolución de los síntomas y cualquier otra intervención diagnóstica llevada a cabo. Se incluirán pacientes que hayan sido evaluados en el marco de protocolos establecidos para la erradicación de *Helicobacter pylori*, lo que permitirá una comparación rigurosa entre los diferentes resultados obtenidos mediante esta prueba y otros métodos diagnósticos utilizados en el hospital.

Además, se hará un análisis detallado de los registros médicos para asegurar la recopilación de información relevante sobre el seguimiento post-tratamiento de los pacientes, lo que ayudará a determinar la efectividad del test del aliento en la confirmación de la erradicación de la infección. Al tratarse de un estudio retrospectivo, se revisarán los datos disponibles en las historias clínicas de los pacientes que han sido atendidos en años recientes, lo que proporcionará una base sólida de información para evaluar la precisión y la utilidad clínica del test en cuestión.

4.3 Tiempo de ejecución

Se llevará a cabo un análisis detallado de las pruebas realizadas durante el periodo de la pandemia por COVID-19, centrado específicamente en el intervalo comprendido entre marzo de 2020, cuando se declaró el estado de alarma en España, y finales de diciembre del mismo año. Este periodo crítico marcó un antes y un después en el sistema de salud, debido al impacto sanitario, social y económico del virus, lo que generó una serie de desafíos sin precedentes para los servicios médicos y los protocolos de diagnóstico.

Durante este tiempo, los hospitales y centros de salud tuvieron que adaptarse rápidamente a nuevas demandas, al mismo tiempo que implementaban medidas de seguridad para proteger tanto a los pacientes, como al personal sanitario. Este análisis incluirá la revisión de las pruebas diagnósticas realizadas en este contexto, evaluando cómo se gestionaron los recursos y qué tipos de pruebas fueron más utilizados, en particular aquellos que podrían haberse visto afectados por las prioridades de la emergencia sanitaria.

Se prestará especial atención a cómo la pandemia influyó en la disponibilidad de ciertos test, como el test del aliento para *Helicobacter pylori* o cualquier otro tipo de prueba diagnóstica relacionada que se realizara en el hospital, y cómo esto pudo haber modificado las prácticas clínicas en cuanto a la priorización de pruebas, los tiempos de espera para los resultados y los protocolos de seguimiento de los pacientes. También, se analizarán los factores relacionados con la gestión de los pacientes con *Helicobacter pylori* durante este periodo, como la interrupción de tratamientos no urgentes o las limitaciones en la capacidad de realizar procedimientos diagnósticos debido a la saturación del sistema de salud, y a la implementación de medidas de distanciamiento social.

4.4 Sujetos (criterios de inclusión, exclusión, número y muestreo)

Los sujetos objeto de estudio serán aquellos pacientes que hayan sido diagnosticados con infección por *Helicobacter pylori* y que, posteriormente, hayan recibido un tratamiento antibiótico erradicador con el objetivo de eliminar la bacteria. Tras completar el tratamiento, estos pacientes se sometieron a un test de antígenos en heces, que se utiliza como una prueba de control para verificar si la infección ha sido erradicada. Este test es un método no invasivo y de fácil aplicación, que permite detectar la presencia de antígenos específicos del *Helicobacter pylori* en las heces del paciente. La realización de este test es un paso clave en el seguimiento del tratamiento, ya que ayuda a determinar si la bacteria ha sido eliminada o si persisten indicios de su presencia.

El segundo criterio para incluir a los pacientes en el estudio será que, después de la realización del test de antígenos en heces, se les haya realizado un test del aliento como prueba adicional de confirmación del resultado obtenido en el test fecal. El test del aliento, que se basa en la medición de los productos derivados de la actividad metabólica de *Helicobacter pylori* en el estómago, se considera uno de los métodos más fiables para confirmar la erradicación de la infección. Este test se llevará a cabo en el Servicio de Radiofarmacia del Hospital Regional, un área especializada que cuenta con los recursos y protocolos necesarios para realizar este tipo de pruebas con precisión.

Al seleccionar a los pacientes que cumplen con estos dos criterios, es decir, que hayan realizado tanto el test de antígenos en heces como el test del aliento, se pretende asegurar que el análisis se base en un seguimiento exhaustivo de la erradicación de *Helicobacter pylori,* utilizando dos pruebas diagnósticas complementarias. Esto permitirá evaluar la concordancia entre ambos métodos de diagnóstico y determinar cuál de ellos ofrece una mayor fiabilidad para confirmar la eliminación de la bacteria, lo que tiene implicaciones importantes para la práctica clínica y para la gestión de los tratamientos antibióticos en la población afectada.

4.4.1 Criterios de inclusión

El estudio incluirá a pacientes que, tras haber sido tratados por una infección por *Helicobacter pylori*, hayan mostrado una sospecha de un resultado falso positivo en el test de antígenos en heces, un método utilizado inicialmente para verificar la presencia de la bacteria. Un falso positivo en este contexto significa que el test de antígenos en heces indica erróneamente la presencia de *Helicobacter pylori*, a pesar de que la bacteria ya haya sido erradicada por el tratamiento. Esto puede ocurrir por diversas razones, como la persistencia de antígenos residuales en el tracto gastrointestinal después de la eliminación de la bacteria, o una posible interferencia de otros factores que afectan la precisión del test.

Para confirmar si el resultado del test de antígenos en heces fue realmente un falso positivo, estos pacientes fueron sometidos a un segundo procedimiento diagnóstico: el test del aliento, que se utiliza como prueba de confirmación para evaluar la erradicación de la infección. El test del aliento, que mide la presencia de productos metabólicos derivados de *Helicobacter pylori*, se considera una de las pruebas más fiables para confirmar que la bacteria ha sido eliminada por completo. Los pacientes que hayan tenido un resultado negativo en el test del aliento después de un resultado positivo en el test de antígenos en heces, serán considerados en este análisis, ya que este resultado negativo en el aliento sugiere que, a pesar del resultado positivo inicial en el test de antígeno en heces, *Helicobacter pylori*, la bacteria, fue erradicada de manera efectiva con el tratamiento antibiótico.

Este escenario de sospecha de falso positivo en el test de antígenos en heces seguido por un test del aliento negativo, es crucial para comprender mejor las limitaciones y posibles errores en la interpretación de los resultados diagnósticos. El análisis de estos casos permitirá evaluar la precisión de las pruebas de antígenos fecales en diferentes contextos y ayudar a establecer pautas más claras para la interpretación de los resultados, especialmente en aquellos pacientes que han recibido tratamiento antibiótico para la erradicación de la infección. Asimismo, este enfoque contribuirá a mejorar la estrategia diagnóstica en la práctica clínica, proporcionando una mayor comprensión sobre cuándo es necesario recurrir a métodos de confirmación adicionales, como el test del aliento.

4.4.2 Criterios de exclusión

El estudio también incluirá a pacientes que, después de haber recibido el tratamiento antibiótico erradicador para la infección por *Helicobacter pylori*, han sido sometidos directamente a un test del aliento sin haber pasado previamente por un test de antígenos en heces. En este caso, estos pacientes no fueron evaluados inicialmente mediante el test de antígenos fecales, o bien no se realizó esta prueba de control en su seguimiento post-tratamiento. El test del aliento, como prueba no invasiva que detecta la presencia de productos metabólicos generados por *Helicobacter pylori* en el estómago, se utiliza en estos casos como único método para confirmar la erradicación de la bacteria.

Este grupo de pacientes podría representar aquellos casos en los que, por razones clínicas o logísticas, se optó por prescindir del test de antígenos en heces y utilizar directamente el test del aliento como la única herramienta de seguimiento. Esto podría haber ocurrido debido a la disponibilidad de recursos, la preferencia clínica del equipo médico, o la decisión de utilizar un método con una mayor especificidad en la confirmación de la erradicación. De igual forma, algunos pacientes podrían haber sido diagnosticados y tratados en situaciones donde no se consideró necesario realizar la prueba de antígenos fecales, ya sea por la evolución de la enfermedad, por las características del paciente o por otros factores relacionados con la implementación de protocolos clínicos.

El análisis de este grupo de pacientes será importante, ya que permitirá evaluar la efectividad del test del aliento como único método para confirmar la erradicación de *Helicobacter pylori,* sin la necesidad de un test de antígenos en heces como prueba complementaria. Además, se podrá estudiar si la omisión del test fecal afecta de alguna manera la precisión del diagnóstico y si existen factores que favorecen el uso exclusivo de este tipo de prueba. Este enfoque también permitirá comparar la sensibilidad y fiabilidad del test del aliento cuando se utiliza de manera independiente, proporcionando datos valiosos sobre su aplicabilidad y las posibles limitaciones de no recurrir a un test de antígenos en heces como control adicional.

4.4.3 Tamaño muestral y muestreo

Al tratarse de un estudio probabilístico consecutivo, el muestreo no va a ser de tipo aleatorio, sino que los sujetos se van a seleccionar en función de su disponibilidad. Aunque de esta manera pueda parecer que la representatividad de la muestra puede verse afectada, ésta se seleccionará siguiendo una serie de pasos:

1. Primero se tendrá en cuenta el objetivo del estudio, que es determinar el grado de afectación de la pandemia por COVID-19 en el diagnóstico de pacientes con infección por *Helicobacter pylori.*

2. El segundo paso a tener en cuenta son los criterios de inclusión y de exclusión descritos anteriormente, es decir, se realizará un muestreo no probabilístico de tipo consecutivo en el cual se incluirán todos los pacientes diagnosticados de infección por *Helicobacter pylori* que tras realizar el tratamiento erradicador, se hicieron una prueba de confirmación basada en el test de antígenos en heces en el periodo de tiempo establecido por el estado de alarma por la situación de pandemia por COVID-19.

3. El tercer paso es determinar la disponibilidad o acceso a los sujetos de estudio, evaluando cuantos pudieran cumplir los criterios de inclusión descritos.

Tras una primera estimación, el número de pacientes que pueden cumplir todos los criterios de inclusión y por lo tanto son objeto de estudio es de 50.

Para calcular el tamaño muestral, vamos considerar una serie de factores fundamentales, el primero el nivel de confianza, que se va a fijar en el 95% y la precisión, del 5%. También se tendrá en cuenta el margen de error aceptable para nuestro estudio, así como el grado de significación estadística. De esta manera se puede obtener un resultado de 46 pacientes, pero dado que el tamaño muestral es próximo a la población de estudio y que además cabe la posibilidad de que al ser un estudio retrospectivo no todos los datos estén recogidos en las historias clínicas y no se obtenga información útil, se propone analizar el 100% de la población sin realizar un muestreo estadístico.

Además, en un estudio como es el nuestro, no probabilístico consecutivo, la muestra difícilmente va a ser representativa de la población objeto de estudio, y los resultados no van a poder extrapolarse con seguridad, de forma que se va a limitar a realizarlo de manera meramente descriptiva.

4.5 Variables de estudio

Las variables a considerar en este estudio son todas categóricas binarias, lo que significa que se clasifican en dos posibles valores:

- **Test de antígenos en heces**: positivo o negativo.
- **Tratamiento antibiótico**: sí o no.
- **Test del aliento**: positivo o negativo.

A continuación, se describen cada una de estas variables, así como los criterios para incluir a los pacientes en el estudio:

1. **Diagnóstico de infección por *Helicobacter pylori***: La primera variable que se debe definir es el diagnóstico del paciente. Para poder ser incluido en el estudio, el diagnóstico de infección por *Helicobacter pylori* debe ser positivo, es decir, el paciente debe tener confirmada la presencia de esta bacteria en su organismo. Este resultado inicial es fundamental, ya que establece la base del estudio y garantiza que los participantes cumplen con la condición requerida para evaluar los siguientes pasos.

2. **Tratamiento antibiótico erradicador**: La segunda variable está relacionada con la realización de un tratamiento dirigido a erradicar la infección. Solo se incluirán en el estudio aquellos pacientes que hayan recibido el tratamiento antibiótico una vez detectada la infección. Por lo tanto, esta variable deberá tener como valor "sí" para poder ser considerados en el análisis. Este paso es esencial, ya que el objetivo del estudio es evaluar la eficacia del tratamiento en la eliminación de la bacteria del organismo.

3. **Test de antígenos en heces tras el tratamiento**: La tercera variable se desglosa en dos aspectos. En primer lugar, se evalúa si el paciente ha realizado el test de antígenos en heces después de completar el tratamiento antibiótico. Este test es crucial para determinar si la infección persiste o si, por el contrario, el tratamiento ha sido eficaz. Para ser incluido en el estudio, el paciente deberá haber completado esta prueba, por lo que la respuesta a esta variable debe ser "sí". En segundo

lugar, el resultado de dicho test puede ser "positivo" o "negativo". Un resultado positivo indica que la bacteria, *Helicobacter pylori,* sigue presente en el organismo del paciente, lo que significa que el tratamiento no ha logrado erradicarla. Por el contrario, un resultado negativo sugiere que la bacteria ha sido eliminada del organismo.

4. **Verificación mediante test del aliento**: La última variable, y posiblemente la más importante, corresponde al test del aliento, que se considera el método Gold Standard para confirmar la presencia o ausencia de *Helicobacter pylori.* Este paso permite verificar los resultados obtenidos previamente con el test de antígenos en heces. Al igual que en el test anterior, el resultado puede ser "positivo" o "negativo". Un resultado positivo indica que la bacteria aún está presente, mientras que un resultado negativo confirma que la infección ha sido completamente erradicada gracias al tratamiento.

En resumen, estas variables permiten establecer un esquema claro y riguroso para la selección de pacientes y el análisis de la eficacia del tratamiento contra *Helicobacter pylori.* Cada una de ellas cumple un papel específico en el diseño del estudio, asegurando que los datos recopilados sean precisos y útiles para las conclusiones finales.

4.6 Recogida de variables

La recogida de datos necesaria para obtener las variables de nuestro estudio se registrará de manera organizada en una hoja de cálculo de Excel. Este registro estructurado permitirá almacenar, procesar y analizar de forma eficiente, la información obtenida. Los datos se recopilarán mediante una revisión exhaustiva de las historias clínicas de los pacientes, accediendo con programa informático del Hospital Regional, específicamente diseñado para la gestión y almacenamiento de este tipo de información médica. Este sistema permitirá garantizar la precisión y trazabilidad de los datos obtenidos.

A continuación, se describen los pasos detallados que se llevarán a cabo durante el proceso de recopilación de información:

1. **Identificación del diagnóstico inicial**: El primer paso será localizar en el historial clínico de cada paciente un informe que confirme el diagnóstico de infección por *Helicobacter pylori.* Para ello, será suficiente con que el diagnóstico haya sido realizado mediante una prueba cuya sensibilidad sea superior al 90%, independientemente del tipo de

prueba utilizada (por ejemplo, test del aliento, test de antígenos en heces o biopsia). Este criterio asegura que los pacientes incluidos en el estudio tengan un diagnóstico fiable, y minimiza el riesgo de falsos positivos.

2. **Seguimiento del tratamiento antibiótico erradicador**: El segundo paso implica realizar un seguimiento detallado del tratamiento antibiótico prescrito para erradicar la infección. Esto incluirá la verificación de que el tratamiento se haya realizado de forma correcta, según las pautas médicas establecidas. Se registrará información sobre el cumplimiento del tratamiento por parte del paciente, las posibles modificaciones realizadas por el médico, así como cualquier incidencia relacionada con su administración. Este seguimiento es esencial para garantizar que los resultados del estudio reflejen la verdadera eficacia del tratamiento.

3. **Confirmación mediante test de antígenos en heces**: El tercer paso será comprobar que, tras el tiempo establecido desde la finalización del tratamiento antibiótico, el paciente se haya realizado un test de antígenos en heces. Este test tiene como finalidad evaluar si la bacteria *Helicobacter pylori* persiste en la mucosa gástrica del paciente o si, por el contrario, ha sido erradicada. Los resultados de este test (positivo o negativo) constituirán una de las variables clave del estudio y serán determinantes para evaluar la eficacia inicial del tratamiento.

4. **Validación mediante test del aliento**: El cuarto y último paso consistirá en verificar los resultados obtenidos en el test de antígenos en heces mediante la realización de un test del aliento. Este método es considerado el Gold Standard para la detección de *Helicobacter pylori,* debido a su alta sensibilidad y especificidad. Su propósito será ratificar o, en caso necesario, corregir el resultado obtenido en la prueba anterior. La información proporcionada por este test será crucial para confirmar la erradicación de la bacteria y garantizar la fiabilidad de los datos registrados en el estudio.

En conjunto, este proceso de recopilación de datos busca garantizar que la información utilizada en el análisis sea completa, precisa y refleje de manera fiel la evolución de cada paciente, desde el diagnóstico inicial hasta la verificación de la eficacia del tratamiento. Este enfoque exhaustivo permitirá alcanzar conclusiones robustas y válidas para los objetivos del estudio.

4.7 Análisis de datos

Los datos de interés para el estudio que se va a llevar a cabo serán recopilados y organizados cuidadosamente en una hoja de cálculo Excel. Este formato permitirá una gestión clara y estructurada de la información, facilitando el posterior análisis estadístico.

Una vez completada la recogida de datos, se procederá a realizar una revisión exhaustiva de los mismos. Este paso es crucial para minimizar los posibles errores que puedan haberse cometido durante la fase de recopilación, como inconsistencias, valores ausentes o datos duplicados. Además, este proceso de verificación permitirá asegurarse de que todos los pacientes incluidos cumplen con los criterios de selección previamente establecidos. Asimismo, será necesario comprobar que la calidad y la integridad de la información obtenida sean suficientes para garantizar la correcta realización de los análisis estadísticos requeridos en el estudio.

Después de la validación de los datos, se llevará a cabo el análisis estadístico utilizando el software especializado **SPSS Statistics**, ampliamente reconocido en el ámbito científico por su robustez y versatilidad. Este análisis permitirá describir y caracterizar las variables de estudio, facilitando la comprensión de los resultados obtenidos.

En cuanto al tratamiento de las variables, se considerará lo siguiente:

1. **Variables categóricas**: Se describirán como binarias, lo que significa que cada una de ellas tendrá dos posibles categorías. Por ejemplo:
    - El **test de antígenos en heces** se clasificará como "positivo" o "negativo", según los resultados obtenidos.
    - La variable **tratamiento** será descrita como "sí" o "no", en función de si el paciente ha recibido el tratamiento erradicador.
    - El **test del aliento**, empleado como prueba confirmatoria, también será clasificado como "positivo" o "negativo".

2. **Variables continuas**: Las variables de tipo continuo se analizarán en función de su distribución. En los casos en los que estas presenten una distribución normal, se describirán utilizando medidas como la media y la desviación estándar. Por otro lado, si la distribución no es normal, se emplearán medidas como la mediana y el rango intercuartílico, que son más apropiadas para representar datos no simétricos.

Cabe señalar que este estudio, al ser de tipo no probabilístico y consecutivo, presenta limitaciones en cuanto a la representatividad de la muestra con respecto a la población general. Esto implica que los resultados obtenidos no podrán ser extrapolados a toda la población, debido a la posible falta de generalización. En consecuencia, el enfoque del análisis estadístico estará limitado a ser exclusivamente descriptivo, lo que significa que el objetivo principal será resumir y presentar los datos recopilados de manera clara y comprensible, sin realizar inferencias estadísticas sobre la población en su conjunto.

En definitiva, el diseño del análisis estadístico busca proporcionar una visión clara y precisa de los datos recopilados, destacando las características relevantes de los pacientes incluidos y permitiendo obtener conclusiones dentro del marco delimitado por las características de la muestra.

4.8 Dificultades y limitaciones

Las posibles limitaciones de este estudio son inherentes a su naturaleza retrospectiva, lo que implica que la recolección de datos se basa exclusivamente en la revisión de las historias clínicas de los pacientes. Esta metodología puede ocasionar una disminución en la calidad del seguimiento del estudio debido a varias razones. En primer lugar, es posible que algunos registros estén ausentes o no se hayan documentado de manera adecuada. Esto puede deberse a fallos en el registro durante la atención clínica o a variaciones en los protocolos de documentación entre distintos profesionales o servicios. En segundo lugar, los datos disponibles en las historias clínicas pueden estar incompletos, lo que dificulta la obtención de información exhaustiva y uniforme para todos los pacientes incluidos en el análisis.

Otra limitación inherente a un estudio retrospectivo, es que no se trata de un estudio ciego, lo que introduce el riesgo de sesgos, especialmente en relación con la temporalidad de las pruebas diagnósticas. Por ejemplo, no se puede garantizar que el test de antígenos en heces y el test del aliento no se hayan realizado simultáneamente o en un periodo de tiempo demasiado cercano entre sí, lo que podría dar lugar a un sesgo temporal que afecte a la interpretación de los resultados. Este aspecto supone un desafío para establecer con precisión la secuencia de eventos necesarios para evaluar la eficacia del tratamiento y la confirmación de la erradicación de *Helicobacter pylori*.

Además, el test de antígenos en heces, que constituye una de las principales herramientas diagnósticas del estudio, es solicitado al Servicio de Microbiología y Parasitología del Hospital

Regional por distintos servicios médicos, incluyendo Cirugía General y Aparato Digestivo, Medicina de Familia y Urgencias, tanto de este hospital como de otros hospitales públicos y privados. Esta diversidad en el origen de las solicitudes y los pacientes puede generar variabilidad en los criterios utilizados para registrar la información en las historias clínicas, lo que supone un reto adicional para garantizar la homogeneidad de los datos recogidos. Estas diferencias en los registros podrían influir en la calidad y la consistencia de la muestra, complicando la interpretación de los resultados.

Para abordar este problema y reducir el riesgo de sesgo en los datos recopilados, se plantea como estrategia, la colaboración estrecha entre los diferentes servicios implicados en el estudio. Este enfoque colaborativo tiene como objetivo reunir la máxima información posible sobre cada paciente y asegurar que los datos sean lo más completos y precisos posible. Además, esta interacción entre servicios permite aclarar posibles discrepancias en los registros y estandarizar, en la medida de lo posible, los criterios de documentación y análisis.

En resumen, aunque el diseño retrospectivo del estudio presenta limitaciones importantes, como la falta de ceguera, la posible ausencia o incompletitud de los registros y la diversidad en los criterios de documentación clínica, se han planteado estrategias específicas para mitigar estos desafíos. La colaboración interdepartamental y el énfasis en la validación y revisión detallada de los datos, son medidas clave para garantizar que los resultados obtenidos sean lo más fiables y representativos posible dentro del marco establecido.

5. Plan de trabajo

5.1 Etapas del proyecto

El primer paso en la realización del estudio será llevar a cabo una revisión bibliográfica exhaustiva de las pruebas de diagnóstico disponibles para la detección de *Helicobacter pylori*. Este análisis incluirá un estudio detallado de la sensibilidad y especificidad de cada prueba, ya que estas características son fundamentales para evaluar la fiabilidad y la precisión diagnóstica. Este enfoque permitirá ajustar la selección de las pruebas al contexto y objetivos específicos del estudio, asegurando que las herramientas diagnósticas empleadas sean las más adecuadas para generar resultados fiables y válidos.

Una vez recopilada toda esta información, se procederá a seleccionar las pruebas clave que se utilizarán en el estudio. Estas serán el **test de antígenos en heces**, que se realiza en el Servicio de Microbiología y Parasitología del Hospital Regional, y el **test del aliento**, que se lleva a cabo en el Servicio de Radiofarmacia del mismo hospital. Ambas pruebas han sido elegidas por su relevancia diagnóstica y porque se consideran métodos complementarios para la confirmación de la presencia o ausencia de la bacteria en los pacientes.

A continuación, se establecerá el período de tiempo de interés para el estudio, que estará delimitado al año 2020, durante el periodo de confinamiento provocado por la pandemia de COVID-19. Este intervalo temporal es particularmente significativo porque, debido al riesgo biológico asociado a la transmisión del SARS-CoV-2, se priorizó el uso del test de antígenos en heces frente al test del aliento. Esto se debe a que la principal vía de transmisión del coronavirus es la aérea, y el test del aliento implicaba un mayor riesgo para el personal sanitario, mientras que el test de antígenos en heces ofrecía una alternativa diagnóstica más segura durante ese contexto epidemiológico.

Posteriormente, se procederá a la preparación de una tabla de datos en formato Excel, diseñada específicamente para registrar toda la información relevante que será necesaria para el análisis. En esta tabla se incluirán las características fundamentales de cada paciente, tales como los resultados de las pruebas diagnósticas, el tipo de tratamiento recibido, y cualquier otra variable de interés previamente definida. Esta tabla no solo facilitará la organización de los datos, sino que también permitirá la correcta implementación del análisis estadístico.

El siguiente paso será realizar una revisión minuciosa de las historias clínicas de los pacientes que hayan sido atendidos durante el periodo acotado de la pandemia, es decir, desde marzo de 2020 hasta diciembre del mismo año. Este proceso será clave para identificar a los pacientes que cumplen con los criterios de inclusión establecidos para el estudio, como el diagnóstico confirmado de *Helicobacter pylori* y la realización de las pruebas seleccionadas. Esta revisión permitirá garantizar que únicamente se incluyan pacientes cuya información sea completa y relevante para los objetivos del análisis.

Una vez recopilada y organizada toda la información en la tabla de Excel, se procederá al análisis estadístico utilizando el programa informático **SPSS Statistics**. Este software es ampliamente reconocido en el ámbito de la investigación científica por su capacidad para realizar análisis detallados y presentar resultados claros y comprensibles. En esta etapa, se analizarán las variables categóricas y continuas previamente definidas, utilizando métodos estadísticos apropiados en función de la naturaleza de los datos.

Finalmente, tras completar el análisis estadístico, se llevará a cabo una valoración detallada de los resultados obtenidos. Este paso será crucial para interpretar los datos, identificar tendencias y responder a las preguntas de investigación planteadas. Con base en esta valoración, se podrán extraer las conclusiones del estudio, que servirán como base para comprender mejor la eficacia de las pruebas diagnósticas utilizadas, la influencia del contexto pandémico en los métodos diagnósticos y la posible implicación de estos hallazgos en la práctica clínica futura.

5.2 Duración del proyecto

Este proyecto de estudio está diseñado para llevarse a cabo en un período estimado de seis meses, lo que permitirá una planificación adecuada y una ejecución ordenada de todas las etapas del mismo. La fecha de inicio propuesta es el mes de junio de 2023, momento a partir del cual se pondrán en marcha todas las actividades relacionadas con la preparación, recolección, análisis y presentación de los datos. La conclusión está prevista para diciembre de ese mismo año, permitiendo así disponer de tiempo suficiente para garantizar la calidad y el rigor de los resultados obtenidos.

Durante los primeros meses del proyecto, se priorizarán las fases iniciales, como la revisión bibliográfica, la definición de los criterios de inclusión y exclusión, y la elaboración de la estructura de la base de datos en Excel. Estas actividades son fundamentales para establecer una base sólida que permita un desarrollo fluido de las etapas poteriores.

Posteriormente, se procederá a la recolección de datos mediante la revisión exhaustiva de las historias clínicas, actividad que requerirá una organización meticulosa y el trabajo coordinado del equipo investigador. Este proceso puede ser uno de los más demandantes en términos de tiempo, ya que implica garantizar que todos los datos recopilados sean completos, precisos y cumplan con los requisitos establecidos para el estudio.

En la etapa final del proyecto, se llevará a cabo el análisis estadístico de los datos recopilados utilizando el software SPSS Statistics. Este análisis irá seguido por la redacción del informe final, que incluirá una descripción detallada de los métodos empleados, los resultados obtenidos y las conclusiones extraídas del estudio. El informe también servirá como base para la presentación de los hallazgos en reuniones científicas o para su publicación en revistas especializadas, si fuera el caso.

El cronograma establecido asegura que todas las etapas del proyecto puedan completarse dentro del marco temporal definido, proporcionando el tiempo suficiente para una revisión y validación rigurosa de los resultados antes de su finalización. Además, la planificación cuidadosa permitirá anticipar y abordar posibles contratiempos o imprevistos que puedan surgir durante el desarrollo del estudio.

En definitiva, el plazo de seis meses representa un periodo adecuado para la realización de este proyecto, equilibrando el rigor científico con la eficiencia operativa y asegurando la obtención de resultados significativos en el tiempo establecido.

5.3 Cronología y distribución de tareas del proyecto

El estudio se desarrollará en el Servicio de Radiofarmacia del Hospital Regional, un entorno clínico de gran prestigio y experiencia en la realización de investigaciones científicas relacionadas con el diagnóstico y tratamiento de diversas patologías. La investigadora principal y responsable del proyecto será la facultativa encargada de la presentación de este trabajo, quien liderará todas las fases del estudio, supervisará el cumplimiento del cronograma y garantizará que se mantenga la calidad metodológica en cada etapa.

El diseño del proyecto contempla una serie de etapas bien definidas, que se desarrollarán dentro del periodo de tiempo previsto, de junio a diciembre de 2023, con el objetivo de asegurar un avance progresivo y organizado:

- **Junio de 2023:** Durante este primer mes, se realizará una revisión bibliográfica exhaustiva del tema de estudio. Esta etapa será crucial para recopilar información relevante y actualizada sobre las pruebas diagnósticas de *Helicobacter pylori*, incluyendo su sensibilidad, especificidad y aplicabilidad en el contexto clínico. A partir de esta revisión, se procederá a determinar las variables que formarán parte del análisis, asegurando que sean adecuadas y relevantes para alcanzar los objetivos planteados en el estudio. Esta fase también incluirá la definición clara de los criterios de inclusión y exclusión de los pacientes.

- **Julio a septiembre de 2023:** En estos meses se llevará a cabo la revisión de las historias clínicas de los pacientes que cumplan con los criterios de inclusión definidos previamente. Este proceso será fundamental para identificar a los candidatos idóneos y recopilar los datos necesarios para el análisis. La información extraída será registrada de manera sistemática en una tabla de datos diseñada en formato Excel, que incluirá todas las variables relevantes para el estudio. Esta etapa requerirá una organización meticulosa y un control riguroso para garantizar la precisión y la integridad de los datos recopilados, minimizando los errores que puedan comprometer la calidad del análisis posterior.

- **Octubre a diciembre de 2023:** Una vez completada la recolección de datos, se procederá al análisis estadístico utilizando el software SPSS Statistics, una herramienta ampliamente reconocida en el ámbito de la investigación médica. Este análisis permitirá identificar patrones, evaluar la eficacia de las pruebas diagnósticas seleccionadas y extraer conclusiones relevantes sobre la erradicación de *Helicobacter pylori* en el contexto del estudio. Con base en los resultados obtenidos, se elaborarán las conclusiones finales, que serán integradas en un informe detallado. Durante esta etapa también se trabajará en la redacción de un manuscrito para su posible publicación en una revista científica, con el objetivo de compartir los hallazgos del estudio con la comunidad médica y contribuir al avance del conocimiento en este campo.

Este cronograma bien estructurado asegura que cada etapa del estudio reciba la atención necesaria y se desarrolle de manera eficiente, permitiendo que el proyecto concluya en el tiempo previsto y con resultados de alta calidad científica. La organización del trabajo y el compromiso de la investigadora principal serán clave para el éxito del proyecto.

6. Aspectos éticos

Para garantizar el cumplimiento de las normativas éticas y legales aplicables, este proyecto de investigación contará con un **Código de Investigación Responsable** otorgado por el Comité de Ética e Integridad en la Investigación. Este código es fundamental para acreditar que el proyecto se desarrollará conforme a los principios de ética, responsabilidad e integridad científica.

Además, se solicitará al mismo comité la **exención del consentimiento informado**, dado que se trata de un estudio retrospectivo que no implica riesgos para la salud de los pacientes, ni requiere la realización de entrevistas personales o interacciones directas con ellos. Este tipo de estudios, centrados en la revisión y análisis de datos preexistentes, reduce significativamente cualquier posibilidad de daño o incomodidad para los participantes.

El protocolo completo del proyecto será enviado previamente al **Comité de Ética e Investigación del Hospital Regional** para su aprobación formal antes del inicio del estudio. Este paso es crucial para asegurar que el diseño del estudio, los métodos propuestos y las medidas de protección de los datos personales cumplen con los estándares éticos y legales. Durante todo el desarrollo del estudio, se proporcionará información periódica sobre su progreso al Comité, garantizando así un control continuo. Ninguna actividad será ejecutada sin la autorización previa y explícita de este organismo, lo que refuerza el compromiso con la transparencia y la ética en la investigación.

El manejo, tratamiento, comunicación y cesión de los datos personales de los participantes se realizará cumpliendo estrictamente con lo dispuesto en la **Ley Orgánica 15/1999, de 13 de diciembre, de Protección de Datos de Carácter Personal**, y su desarrollo posterior, el **Real Decreto 1720/2007**. Para proteger la privacidad y la confidencialidad de los datos, todos los documentos generados durante el estudio, así como la base de datos, serán almacenados y gestionados bajo estrictas medidas de seguridad. Esto garantizará que no sean accesibles para personas ajenas a la investigación y evitará cualquier uso no autorizado. Además, se emplearán procedimientos específicos para anonimizar los datos, eliminando cualquier elemento que pudiera permitir la identificación directa o indirecta de los pacientes.

Todo el proyecto se llevará a cabo respetando los principios establecidos en la **Declaración de Helsinki**, adoptada en 1964 y actualizada en la Asamblea General de Brasil en 2013, que establece las pautas éticas fundamentales para la investigación médica en seres humanos. Esto incluye el compromiso de velar por el bienestar, los derechos y la seguridad de los participantes en todo momento, asegurando que el estudio sea éticamente sólido y científicamente válido.

En resumen, este proyecto cumple con todos los requisitos éticos, legales y de confidencialidad necesarios, con un compromiso firme de proteger los derechos de los pacientes y garantizar la calidad e integridad de los datos recopilados. Este enfoque riguroso y responsable refuerza la validez y credibilidad de los resultados que se obtendrán al finalizar el estudio.

7. Aplicabilidad y utilidad

El test del aliento, también conocido como prueba de aliento con urea marcada con carbono 13 o 14, es considerado el **Gold Standard** para la detección de la bacteria *Helicobacter pylori*. Este reconocimiento se debe a su elevada sensibilidad y especificidad, que lo posicionan como una herramienta diagnóstica fiable tanto para la detección inicial de la infección como para la verificación posterior de la erradicación de la bacteria tras el tratamiento antibiótico. Estas características hacen que sea la prueba de preferencia en la práctica clínica, ya que su precisión minimiza el riesgo de resultados falsos positivos o negativos, optimizando así el manejo de los pacientes afectados.

Por otro lado, el test de antígenos en heces, aunque cuenta con una sensibilidad similar, presenta una especificidad inferior, lo que significa que tiene una mayor probabilidad de generar resultados falsos positivos. Debido a esto, aunque es adecuado como una opción para el diagnóstico inicial de la infección por *Helicobacter pylori*, no se considera la mejor herramienta para confirmar la erradicación de la bacteria tras el tratamiento. Esto se debe a que la posibilidad de falsos positivos puede llevar a interpretaciones erróneas de los resultados, generando la impresión de que la bacteria persiste cuando en realidad ya ha sido eliminada.

La pandemia por COVID-19 trajo consigo numerosas repercusiones en el ámbito sanitario, entre ellas, un cambio significativo en la prescripción y uso de pruebas diagnósticas para *Helicobacter pylori*. Durante este periodo, la priorización de medidas de seguridad biológica llevó a una disminución en la utilización del test del aliento, ya que este implica la manipulación de muestras respiratorias que podrían representar un riesgo de transmisión del coronavirus. Como consecuencia, se incrementó la prescripción del test de antígenos en heces como alternativa, pese a las limitaciones inherentes a su menor especificidad.

Este cambio en la práctica clínica tuvo implicaciones significativas, entre ellas un aumento en la incidencia de resultados falsos positivos. Dichos resultados llevaron a la prescripción innecesaria de un segundo tratamiento antibiótico erradicador en algunos pacientes que, en realidad, ya habían eliminado la bacteria. Además, tras completar este segundo tratamiento, se hacía necesario realizar otra prueba diagnóstica para confirmar la erradicación, incrementando aún más los costos asociados al manejo del paciente.

Las consecuencias de estos posibles errores diagnósticos van más allá del impacto económico. La administración innecesaria de un tratamiento antibiótico adicional, no solo representa un riesgo para el paciente, al exponerse a efectos secundarios y reacciones adversas, sino que también contribuye al preocupante fenómeno de la **resistencia antimicrobiana**. Este problema, considerado una de las mayores amenazas para la salud global, implica que las bacterias se vuelven resistentes a los antibióticos disponibles, dificultando el tratamiento de infecciones y aumentando las tasas de mortalidad asociadas a enfermedades bacterianas.

En este contexto, se pone de manifiesto la importancia de optimizar la selección de pruebas diagnósticas en función de su sensibilidad y especificidad, priorizando aquellas que ofrecen mayor precisión, como el test del aliento, siempre que las circunstancias lo permitan.

Asimismo, es fundamental seguir trabajando en la sensibilización y formación del personal sanitario sobre el uso adecuado de los antibióticos, con el objetivo de minimizar la prescripción innecesaria de los mismos, y contribuir de esta manera, a la lucha contra la resistencia antimicrobiana.

8. Presupuesto

Este estudio, al ser de naturaleza retrospectiva, se basa exclusivamente en la revisión y análisis de datos clínicos ya existentes en las historias clínicas de los pacientes, lo que implica que no se generarán costes adicionales. No se realizarán intervenciones ni se influirá en el proceso asistencial de los pacientes, ni se incorporarán pruebas diagnósticas adicionales. Este enfoque no solo reduce la necesidad de recursos económicos, sino que también evita cualquier tipo de riesgo para los participantes, ya que el estudio se limita al análisis de información previamente recopilada.

Además, tanto el Servicio de Radiofarmacia, como el Hospital Regional, disponen de la infraestructura física y tecnológica necesaria para la correcta realización del estudio. Esto incluye acceso a una base de datos clínica organizada, herramientas de análisis estadístico, y soporte informático avanzado, lo que asegura que el proyecto pueda llevarse a cabo sin necesidad de inversiones adicionales en equipos o sistemas. El personal implicado también cuenta con la experiencia y formación adecuada para manejar y analizar los datos de forma rigurosa y ética.

Los únicos gastos previstos que podrían requerir financiación, corresponden a las actividades relacionadas con la difusión de los resultados obtenidos. Este aspecto es clave para maximizar el impacto del estudio, ya que los hallazgos tienen el potencial de contribuir al conocimiento científico y a la mejora de la práctica clínica. Entre estos gastos se incluirían la inscripción a congresos nacionales e internacionales, la presentación de comunicaciones orales o pósteres en estos eventos, y las posibles tasas asociadas a la publicación en revistas científicas de prestigio. Estas publicaciones permitirían compartir los resultados del estudio con la comunidad científica global, fomentando su aplicación y discusión en diferentes contextos clínicos.

De esta manera, aunque el coste directo de realizar el estudio es nulo, la búsqueda de financiación para la difusión científica, garantiza que los resultados trasciendan en el ámbito local y puedan contribuir al avance en el diagnóstico y manejo de infecciones, como la causada por *Helicobacter pylori*. La proyección de estos hallazgos en foros especializados, no solo consolidará el valor del trabajo realizado, sino que también permitirá establecer conexiones con otros investigadores y abrir posibles líneas de colaboración para futuros proyectos.

En resumen, este diseño eficiente y centrado en el análisis de datos ya disponibles, no solo permite optimizar los recursos del sistema sanitario, sino que también asegura que los resultados del estudio puedan llegar a tener un impacto significativo en la comunidad científica y en la práctica clínica.

9. Bibliografía

1. Correa P, Piazuelo MB. Evolutionary History of the Helicobacter pylori Genome: Implications for Gastric Carcinogenesis. Gut Liv-er. 2012;6(1):21-8

2. Marshall BJ, Warren JR. Unidentified curved bacilli in the stomach of patients with gastritis and peptic ulceration. Lancet. 1984; 1(8390):1311-5.

3. Mobley, H. L. T., & Mendz, G. L. (2001). Helicobacter pylori: Physiology and Genetics. *ASM Press.*

4. Tomb, J. F., White, O., Kerlavage, A. R., et al. (1997). The complete genome sequence of the gastric pathogen Helicobacter pylori. *Nature, 388*(6642), 539-547.

5. Alm, R. A., Ling, L. S., Moir, D. T., et al. (1999). Genomic-sequence comparison of two unrelated isolates of the human gastric pathogen Helicobacter pylori. *Nature, 397*(6715), 176-180.

6. Yamaoka, Y. (2009). Helicobacter pylori: Molecular Genetics and Cellular Biology. *Caister Academic Press.*

7. Salama, N. R., Hartung, M. L., & Muller, A. (2013). Life in the human stomach: persistence strategies of the bacterial pathogen Helicobacter pylori. *Nature Reviews Microbiology, 11*(6), 385-399.

8. IARC monographs on the evaluation of carcinogenic risks to humans. Vol. 61: Schistosomes, Liver Flukes and Helicobacter pylori. Lyon, France: International Agency for Research on Cancer, 1994.

9. Baltrus, D. A. (2013). Exploring the costs of horizontal gene transfer. *Trends in Ecology & Evolution, 28*(8), 489-495.

10. Kusters, J. G., van Vliet, A. H. M., & Kuipers, E. J. (2006). Pathogenesis of Helicobacter pylori infection. *Clinical Microbiology Reviews, 19*(3), 449-490.

11. Suarez, G., Romero-Gallo, J., Piazuelo, M. B., et al. (2006). Nod1 is an intracellular sensor of Helicobacter pylori infection in epithelial cells. *Nature Immunology, 7*(12), 1232-1239.

12. International Agency for Research on Cancer (IARC). (1994). Schistosomes, liver flukes, and Helicobacter pylori. *IARC Monographs on the Evaluation of Carcinogenic Risks to Humans, 61*, 177-241.

13. Malfertheiner P, Megraud F, O'Morain CA, Gisbert JP, Kuipers EJ, Axon AT, Bazzoli F, Gasbarrini A, Atherton J, Graham DY, Hunt R, Moayyedi P, Rokkas T, Rugge M, Selgrad M, Suerbaum S, Sugano K, El-Omar EM; European Helicobacter and Microbiota Study Group and Consensus panel. Management of *Helicobacter pylori* infection-the Maastricht V/Florence Consensus Report. Gut. 2017; 66(1):6-30.

14. Wroblewski, L. E., Peek, R. M., & Wilson, K. T. (2010). Helicobacter pylori and gastric cancer: factors that modulate disease risk. *Clinical Microbiology Reviews, 23*(4), 713-739.

15. Fennerty MB. Helicobacter pylori. Arch Intern Med 1994; 154(7): 72

16. Brown, L. M. (2000). Helicobacter pylori: epidemiology and routes of transmission. *Epidemiologic Reviews, 22*(2), 283-297.

17. Rowland, M., Daly, L., Vaughan, M., et al. (2006). Age-specific incidence of Helicobacter pylori. *Gastroenterology, 130*(1), 65-72.

18. Parsonnet, J. (1995). Helicobacter pylori and gastric cancer. *Gastroenterology Clinics of North America, 24*(4), 823-837.

19. Everhart, J. E. (2000). Recent developments in the epidemiology of Helicobacter pylori. *Gastroenterology Clinics of North America, 29*(3), 559-578.

20. Goodman, K. J., & Correa, P. (2000). The transmission of Helicobacter pylori. *A critical review of the evidence. International Journal of Epidemiology, 29*(5), 848-855.

21. Bardhan, P. K. (1997). Epidemiological features of Helicobacter pylori infection in developing countries. *Clinical Infectious Diseases, 25*(5), 973-978.

22. Eusebi LH, Zagari RM, Bazzoli F. Epidemiology of Helicobacter pylori infection. Helicobacter. 2014; 19 (1):1-5.

23. Chey, W. D., & Wong, B. C. Y. (2007). American College of Gastroenterology guideline on the management of Helicobacter pylori infection. *The American Journal of Gastroenterology, 102*(8), 1808-1825.

24. Goodman, K. J., & Correa, P. (2000). The transmission of Helicobacter pylori: A critical review of the evidence. *International Journal of Epidemiology, 29*(5), 848-855.

25. Marshall BJ. History of the discovery and relevance on medicine. Rev. esp. enferm. dig. 2006; (98): 7-23.

26. Leal-Herrera, Y., Fong, Y. K., Gutiérrez, O., et al. (2003). Comparison of stool antigen test, urea breath test, and serology for the detection of Helicobacter pylori infection in adults. *The American Journal of Gastroenterology, 98*(10), 2110-2115.

27. Vakil, N., Megraud, F. (2007). Eradication therapy for Helicobacter pylori. *Gastroenterology, 133*(6), 1893-1900.

28. Porras C, Nodora J, Sexton R, Ferreccio C, Jiménez S, Domín-guez RL, et al. Epidemiology of Helicobacter pylori infection in six Latin American countries. Cancer Causes Control. 2013; 24(2): 209-15.

29. Pilar Griño, Sonia Pascuala, José Sucha, Juan A. Casellas, et al. Comparison of stool immunoassay with standard methods for detection of Helicobacter pylori infection in patients

with upper-gastrointestinal bleeding of peptic origin. Eur J Gastroenterol Hepatol 2003; 15(5) 525-529.

30. Cirak MY, Akyion Y, Mégraud F. Diagnosis of Helicobacter pylori. Helicobacter 2007; 12(1): 4-8.

31. Goddard AF, Logan RP. Review article: Urea breath tests for detecting Helicobacter pylori. Aliment Pharmacol Ther 1997; 11(10): 641-9.

32. Peng NJ, Lai KH, Liu RS, et al. Capsule 13C-urea breath test for the diagnosis of Helicobacter pylori infection. World J Gastroenterol 2005; 11(9): 1361–1364.

33. Logan RP, Dill S, Bauer FE, et al. The European 13C-urea breath test for the detection of Helicobacter pylori. Am J Gastroenterol. 1991; 3 (12): 915-921.

34. Klein PD, Malaty HM, Martin RF, et al. Noninvasive Detection of Helicobacter pylori Infection in Clinical Practice: The 13C-Urea Breath Test. Am J Gastroenterol 1996; 91(4): 690-4.

35. Graham DY, Malaty HM, Cole RA, et al. Simplified 13C-urea breath test for detection of Helicobacter pylori infection. Am J Gastroenterol 2001; 96 (6): 1741-1745.

36. Javier PG, María del Mar C, José María P et al. Detección del antígeno de *Helicobacter pylori* en heces para el diagnóstico inicial de la infección y para la confirmación de su erradicación tras el tratamiento. Med Clin (Barc) 2002;118(11):401-404

37. J. Monés, J. P. Gisbert, F. Borda, E. Domínguez-Muñoz, et al. Indicaciones, métodos diagnósticos y tratamiento erradicador de Helicobacter pylori. Recomendaciones de la II Conferencia Española de Consenso. REV ESP ENFERM DIG 2005; 97(5): 348-374

FSC
www.fsc.org
MIX
Papier | Fördert
gute Waldnutzung
FSC® C083411

Kolibri 360 GmbH
Ferdinand-Jühlke-Straße 7
99095 Erfurt, Deutschland
produktsicherheit@kolibri360.de

Druck:
CPI Druckdienstleistungen GmbH
im Auftrag der
Kolibri 360 GmbH
Ferdinand-Jühlke-Str. 7
99095 Erfurt